Bernd Stummer

Industriekultur oder industrielle Kulturlandschaft? - Das Beispiel Ruhrgebiet

GRIN Verlag

Bibliografische Information der Deutschen Nationalbibliothek:

Die Deutsche Bibliothek verzeichnet diese Publikation in der Deutschen National-
bibliografie; detaillierte bibliografische Daten sind im Internet über http://dnb.d-
nb.de/ abrufbar.

Impressum:

Copyright © 2001 GRIN Verlag GmbH
Druck und Bindung: Books on Demand GmbH, Norderstedt Germany
ISBN: 978-3-638-83126-0

Dieses Buch bei GRIN:

http://www.grin.com/de/e-book/27068/industriekultur-oder-industrielle-kulturland-
schaft-das-beispiel-ruhrgebiet

GRIN - Your knowledge has value

Der GRIN Verlag publiziert seit 1998 wissenschaftliche Arbeiten von Studenten, Hochschullehrern und anderen Akademikern als eBook und gedrucktes Buch. Die Verlagswebsite www.grin.com ist die ideale Plattform zur Veröffentlichung von Hausarbeiten, Abschlussarbeiten, wissenschaftlichen Aufsätzen, Dissertationen und Fachbüchern.

Besuchen Sie uns im Internet:

http://www.grin.com/

http://www.facebook.com/grincom

http://www.twitter.com/grin_com

Universität Augsburg

Lehrstuhl für Sozial- und Wirtschaftsgeographie

Sommersemester 2001

Mittelseminar: Historische Geographie

Industriekultur oder industrielle Kulturlandschaft?

Beispiel Ruhrgebiet

Abbildung 1: http://www.kvr.de

Inhaltsverzeichnis:

A. EINLEITUNG 4

B. ABGRENZUNG DES RUHRGEBIETS 4

   I. ADMINISTRATIVE ABGRENZUNG 4
   II. NATURRÄUMLICHE ABGRENZUNG.. 4
   III. ZONALE GLIEDERUNG 5

C. NATUR- UND KULTURRAUM DES RUHRGEBIETS 5

   I. ENTWICKLUNG DES BERGBAUS - NORDWANDERUNG............................ 5
   II. FOLGEN DES BERGBAUS FÜR DIE NATUR 6
   III. STADTENTWICKLUNG 7

D. HEUTIGE NUTZUNGSFORMEN - STRUKTURWANDEL 8

   I. KONZEPT UND ZIELE DER IBA 8
   II. AUSGEWÄHLTE PROJEKTE DER IBA 9
      1. Industriedenkmal Gasometer.. 9
      2. Landschaftspark Duisburg-Nord 9
      3. Wissenschaftspark Gelsenkirchen 10
      4. Industriedenkmal Zeche Zollverein – Schacht XII.................... 10

E. ZUSAMMENFASSUNG.. 12

F. LITERATURVERZEICHNIS.. 13

A. Einleitung

Das Ruhrgebiet. Eine Region in Deutschland, die durch rauchende Schlote, glühenden Stahl und dreckige Luft bekannt ist. Dieses Bild trifft heute aber nicht mehr zu. Mit der Kohle- und Stahlkrise bekommt das Ruhrgebiet ein anderes Aussehen und soll auch ein anderes Image bekommen. In dieser Arbeit wird nun zunächst die Entwicklung des Ruhrgebiets und somit des Bergbaus in der Region dargestellt. Danach wird auf die Folgen für die Natur und Kultur eingegangen. Und gegen Ende natürlich auf die Maßnahmen zur Beseitigung derselben. Insbesondere ist hier die Internationale Bauausstellung zu nennen, die einen wesentlichen Anteil am Imagewandel des Ruhrgebiets hat, und mit einigen Großprojekten vorgestellt wird.

B. Abgrenzung des Ruhrgebiets[1]

Das Ruhrgebiet kann nach verschiedenen Gesichtspunkten abgegrenzt werden. Im folgenden Abschnitt geschieht dies nach administrativen, naturräumlichen und zonalen Gesichtspunkten.

I. Administrative Abgrenzung

Zunächst einmal muss gesagt werden, dass die Abgrenzung des Ruhrgebiets recht schwierig ist. Dies ist auch darauf zurückzuführen, dass das Ruhrgebiet kein politisches Gebilde darstellt. Das Ruhrgebiet liegt zwar im Bundesland Nordrhein-Westfalen, aber es gehört nicht zu einem Kreis oder einem Regierungsbezirk. Somit ist eine Abgrenzung problematisch. Im Allgemeinen wird heute das Verbandsgebiet des Kommunalverbandes Ruhrgebiet (KVR) als Ruhrgebiet bezeichnet. Somit besteht das Ruhrgebiet aus 11 kreisfreien Städten und vier Kreisen (vgl. Abbildung Deckblatt). Es umfasst eine Fläche von ca. 4434 km² und es leben dort ca. 5,5 Mio. Einwohner.

II. Naturräumliche Abgrenzung

Ebenso wie bei der administrativen Abgrenzung ist eine genaue naturräumliche Abgrenzung schwierig. Das Ruhrgebiet hat Anteil an drei Großeinheiten des Naturraumes: Im Süden das rheinische Schiefergebirge mit der Untereinheit Bergisch-Sauerländisches Gebirge, im Norden das Münsterländer Becken mit der Untereinheit Westfälische Bucht und im Westen das Niederrheinische Tiefland mit der Untereinheit Mittlere Niederrheinebene. Das Ruhrgebiet durchfließen vier bedeutende Flüsse: der Rhein, die Ruhr,

---

[1] v.a. nach Hücherig, R. 1992, S. 18 ff. und www.route-industriekultur.de

die Emscher und die Lippe. Diese dienen unter anderem zur zonalen Gliederung des Ruhrgebiets.

III. Zonale Gliederung

Die zonale Gliederung erfolgt wie schon erwähnt vor allem nach den Flüssen. Weiterhin auch nach der Entwicklung und der Nordwanderung des Bergbaus, auf den später noch eingegangen wird. Somit ergibt sich eine zonale Gliederung von Süd nach Nord: Ganz im Süden liegt die Ruhrzone. Diese umfasst ein Gebiet etwas nördlich und vor allem südlich einer Achse durch die Städte Kettwig – Hattingen – Witten. Daran schließt sich die Hellwegzone weiter nördlich an. Sie umfasst ebenfalls ein Gebiet um eine Städte-achse Duisburg – Essen – Bochum – Dortmund und zwar den südlichen Teil bis zur Ruhr und einen kleine Teil nördlich der Achse. Noch weiter im Norden folgt dann die Emscherzone. Diese Zone umfasst das Gebiet südlich der Emscher bis zu einer Parallel-achse derselben in Höhe Gelsenkirchen und das nördliche Gebiet der Emscher bis in Höhe Recklinghausen. Ganz im Norden liegt dann die Lippezone. Sie umfasst das Ge-biet nördlich der Lippe und das südliche Gebiet bis Recklinghausen.

C. Natur- und Kulturraum des Ruhrgebiets[2]

I. Entwicklung des Bergbaus - Nordwanderung

Der Bergbau im Ruhrgebiet begann in der Ruhrzone. Dort wurde schon seit dem Mittel-alter die an der Erdoberfläche anstehende Magerkohle abgebaut. Dies geschah vor allem zur Eigenbedarfsdeckung und somit entstanden auch nur kleinbetriebliche Strukturen. Mit der Erfindung der Dampfmaschine ca. 1800 konnten erste Tiefbauschächte genutzt werden und die Nordwanderung des Bergbaus begann.

Der Bergbau in der Hellwegzone begann ca. 1850 und dauerte ungefähr 100 Jahre an. Da die Kohle nun nicht mehr im Tagebau abgebaut werden konnte, mussten Schächte gegraben werden. Dadurch wurde der Abbau kostenintensiver und man schloss sich zu Großzechen und größeren Betrieben zusammen. Durch den Fettkohleabbau, entstanden gleich in der Nähe der Zechen Kokereien und eisengewinnende Betriebe. Somit wurde das Gebiet durch den Bergbau geprägt. Heute gibt es keine fördernden Zechen mehr in der Hellwegzone. Dennoch sind die Hinterlassenschaften noch zu sehen, z.B. Back-steinbauten der Zechengebäude oder Fördergerüste aus Stahl. Ab 1870 entstanden in der Emscherzone erste Schachtanlagen. Da das Gebiet bis dahin weitgehend unbewohnt

---

[2] v.a. nach www.route-industriekultur.de und Hücherig, R. 1992, S. 19 ff.

war, begann ein rücksichtsloser Abbau der Kohle. Die Zechen wurden mit Groß-schachtanlagen versehen. Ebenso entstanden viele Industriebetriebe auf zum Teil riesi-gen Flächen. Durch die Mechanisierung und den Einsatz von Dynamit unter Tage wur-den enorme Flächen für den Abraum, d.h. die Mengen an Nebengestein, benötigt. Diese „Berge-Halden" prägen noch immer die Landschaft. Heute ist in der Emscherzone keine Zeche mehr fördernd, nur die Industriebetriebe sind zum größten Teil noch aktiv, da sie nicht weiter mit nach Norden gezogen sind.

Mit Beginn des 20. Jahrhunderts begann der Abbau der Kohle in der Lippezone. Vor allem nach dem II. Weltkrieg wurde mit dem Abbau nördlich der Lippe und am linken Niederrhein begonnen. Der Förderung erfolgt hier aus bis zu 1500 m Tiefe. Dennoch gibt es hier wenige oberirdische Anlagen, da die Förderung durch unterirdische An-schlussbergwerke bis in die Emscherzone erfolgt. Bis auf vereinzelte chemische Betrie-be ergab sich somit kaum eine Prägung der Landschaft durch den Bergbau. Heute be-finden sich in der Lippezone die meisten noch aktiven Zechen.

II. Folgen des Bergbaus für die Natur

In der Ruhrzone ist heute vom Bergbau kaum noch etwas zu sehen. Vereinzelt sind noch kleinere Zechen oder Stolleneingänge an Hängen zu sehen. Zum Teil gibt es auch noch Stauwerke, Umleitungskanäle, Wasserräder und Hämmer an Flussläufen aus vor-industrieller Zeit. Die ursprüngliche Waldvegetation ist weitestgehend durch Auffors-tung wieder hergestellt. Wenngleich sich heute viele Nadelbäume im früheren Eichen- / Buchenmischwald befinden.

Die Hellwegzone ist aufgrund der Hellwegbörde, d.h. der Lössvorkommen aus der Eis-zeit, ein sehr fruchtbares Gebiet. Daher sind die Böden sehr gut für den Ackerbau ge-eignet, der auch heute noch stark ausgeprägt ist. Dennoch wurde diese Zone stark durch den Bergbau geprägt. Heute sind noch viel alte und stillgelegte Zechengebäude, sowie Abraumhalden zu sehen, z.B. Zeche Zollverein in Essen oder Zollern Zeche II/IV in Dortmund. Weiterhin sind auch noch die gigantischen Industriekomplexe sichtbar und auch noch aktiv, die zum Teil ganze Städte prägen, z.B. Krupp in Duisburg und Thys-sen in Essen. Dennoch muss man sagen, dass es ein gewisses Nebeneinander von Natur und Industrie gab und gibt.

Ganz anders sieht es in der Emscherzone aus. Dort ist von der ursprünglichen Land-schaft aufgrund des Bergbaus nichts mehr zu sehen. Die Emscher, ein einst mäandrie-render Fluss mit Sumpf- und Moorlandschaften, ist kanalisiert und diente als Abwasserkanal. Ebenso sind die waldreichen Feucht- und Auengebiete sowie die natürliche Vegetation verschwunden. In dieser Zone ergab sich das typische Bild des Ruhrgebiets von rauchenden Schloten, fackelnden Kokereien und dreckiger Luft. Als Zeugen des Bergbaus sind heute noch Großzechen mit riesigen Industrieanlagen, sowie enorme Abraumhalden aus Nebengestein zu sehen. Dadurch ergibt sich ein wahlloses Durcheinander, was zum Teil auch die heute gravierenden Strukturprobleme erklärt.

Die Lippezone ist hingegen ein krasser Gegensatz zur Emscherzone. Die Lippe mäandriert heute noch mit weiten Auen und ist der einzige weitestgehend naturbelassene Fluss des Ruhrgebiets. Die Flugsandflächen mit lichten Wäldern und das Heideland prägen noch heute die Landschaft, ebenso die Landwirtschaft. Durch den Bergbau wurden keine gravierenden Einschnitte in die Landschaft vorgenommen und er ist auch heute kaum sichtbar. Vereinzelt sind Zechen oder chemische Industriebetriebe zu sehen. Im Allgemeinen kann man sagen, dass hier ein Kompromiss zwischen Natur und Industrie gefunden wurde. Davon zeugt auch die Haard als Teil des Naturparks Hohe Mark mit natürlicher Vegetation aus Weide-, Heide-, Sand- und Moorflächen, sowie Laub- und Nadelwälder und der Lippeaue.

III. Stadtentwicklung

Zunächst einmal ist zur Stadtentwicklung im Ruhrgebiet zu sagen, dass es keine antike Tradition der Städte gibt. Die Städte mit älterer Tradition wurde zumeist im 12.-13. Jahrhundert gegründet. Es ist also keine „urbane Kultur" vorhanden. Viele der Siedlungen und Dörfer, v.a. am „Hellweg" und somit in der Hellwegzone, bildeten in der Zeit der Industrialisierung meist nur Ausgangspunkte für Zechengründungen und entwickelten sich mit den Arbeitersiedlungen zu „Riesendörfern". Zum Teil prägen sogar einzelne Betriebe eine ganze Stadt, z.B. Krupp in Essen und Thyssen in Duisburg. Die alten Dorfkerne wurden meist vergessen. In der Emscherzone ist das ganze noch gravierender, da es vor der Industrialisierung aufgrund der Naturgegebenheiten keine Siedlungsstruktur gab. Somit wurde dort gesiedelt und gebaut, wo gerade die Kohle war. Als Folge ergab sich eine chaotische Siedlungsstruktur mit unregelmäßigem Nebeneinander von Industrie und Wohnraum. In der Ruhrzone hingegen wuchsen die Städte von den alten Stadtkernen ausgehend heran und es entwickelte sich eine Art Stadtkultur. Arbeitersiedlungen sind in der Ruhr- und Lippezone selten. Vor der Industrialisierung gab es dort nur wenige Dörfer. Auch heute ist der Raum nur wenig verdichtet und die Dörfer haben sich zu Mittelstädten entwickelt, z.B. Marl, Dorsten. In dieser Zone wurden die übrigen Städte auf der „grünen Wiese" geplant und es bleibt genügend Platz für die landwirtschaftliche Nutzung.

D. Heutige Nutzungsformen - Strukturwandel

Mit der Strukturkrise wurde das Ruhrgebiet einem Wandel unterworfen. Es musste etwas passieren um die Folgen derer zu kompensieren. Neben verschiedenen Gegenmaßnahmen, auf die hier nicht weiter eingegangen werden soll, ist die Internationale Bauausstellung Emscher Park (IBA) eines der bedeutendsten Projekte. Im folgenden Abschnitt soll diese nun kurz an Hand von einigen Teilprojekten dargestellt und ihre Bedeutung für das Ruhrgebiet veranschaulicht werden.

I. Konzept und Ziele der IBA[3]

Die Internationale Bauausstellung Emscher Park ist ein Strukturprogramm des Landes Nordrhein-Westfalen und wurde mit ca. 5 Mrd. DM gefördert. Die IBA dauerte von 1989-99 und umfasste im nördlichen Teil des Ruhrgebits das Gebiet der Emscherzone, also ca. 800 km² Fläche[4]. Es waren 17 Kommunen daran beteiligt und mehr als 120 Einzelprojekte wurden organisiert. Die IBA verstand sich als „Werkstatt für die Zukunft von Industrieregionen".[5] Die Einzelprojekte wurden durch Investoren selbst getragen und betreut. Dies sollte auch dazu dienen, dass die Projekte über die IBA hinaus weiter getragen werden. Von der administrativen Seite her stand eine Organisationseinheit von ca. 30 Personen als Ordner, Koordinator, Überwacher und Ansprechpartner zur Verfügung. Ebenso warben und sorgten diese für weitere finanzielle Mittel. Die Ziele bzw. Arbeitsschwerpunkte der IBA sind wie folgt festgelegt:[6]

- Ökologischer Umbau des Emscher-Systems
- Arbeiten im Park
- Emscher Landschaftspark – Wiederaufbau von Landschaft
- Neue Nutzungsformen industrieller Bauten – Industriedenkmäler als Kulturträger
- Wohnen / integrierte Stadtentwicklung

Mit den Zielen wurde versucht vielerlei Anliegen zu berücksichtigen, u.a. Schaffung von Arbeitsplätzen, Förderung des Tourismus, Denkmalschutz, Umweltschutz und Entfalten von neuen Nutzungsformen für alte Industrieflächen.

---

[3] v.a. nach www.uni-zeigt-iba.de
[4] nach Hücherig, R. 1992, S. 31
[5] nach Hücherig, R. 1992, S. 27
[6] nach Hücherig, R. 1992, S. 28

8

II. Ausgewählte Projekte der IBA

Im folgenden Abschnitt sollen nun einige Teilprojekte der IBA dargestellt. Diese haben meist Vorbildcharakter und sind daher von besonderer Bedeutung.

1. Industriedenkmal Gasometer[7]

Der Gasometer ist ein Speichergebäude für Gichtgas der ehemaligen Gutehoffnungshütte in Oberhausen. Er hat ein Nutzvolumen von 347000 m³, eine Höhe von 117,5 m, einen Durchmesser von 67,6 m und einen Umfang von 210 m. Der Gasometer wurde 1929 in Betrieb genommen und war bis 1988 in aktiv. Mit einer kleinen Unterbrechungsdauer von 1945-50 wurde er die ganze Zeit industriell genutzt. Mit der Stilllegung 1988 stellte sich die Frage nach dem Abriss oder dem Erhalt des Gasometers. Es wurden Vorschläge zur weiteren Nutzung unterbreitet, u.a. als überdimensionale Cola-Dose für Werbezwecke, Regallager, Weltraummuseum oder als Indoor-Golfanlage. 1992 wurde für den Erhalt entschieden, da zum einen vom IBA - Initiator die Idee für ein Museum kam und zum anderen das „CentrO", ein Einkaufszentrum, in der Nähe geplant war, das die nötigen Besucher anlocken konnte. Somit wurde der Gasometer an die Stadt übergeben, nicht verkauft! Der Eigentümer zahlte sogar noch fast 2 Mio. DM für die nicht nötigen Abrisskosten und gleichzeitig als Förderung des Umbaus. Heute dient der Gasometer als Museum für die Industriekultur, als Ausstellungsgebäude und als Landmarke. Seit dem fertigen Umbau 1994 fanden jedes Jahr bedeutende Ausstellungen darin statt, u.a. „Feuer und Flamme" (1994/95), Christo und Jean-Claudes mit „the wall" (1999) zum IBA-Finale und „Der Ball ist Rund" (2000) zum Jubiläum des DFB.

2. Landschaftspark Duisburg-Nord[8]

Der Landschaftspark Duisburg-Nord befindet sich auf dem ehemaligen Thyssengelände Meiderich mit Hüttenwerk, Schachtanlage, Sinterei, Kokerei und Gießerei. Das Gelände umfasst ca. 200 ha und war von ca. 1900 bis 1985 in Betrieb. Dann wurde es „anblasfertig" verlassen. Heute dient das Gelände als Verbindung von Industriebrache, Naturschutz und Freiraumfunktion. Im Landschaftspark selbst wurde ein Lehr- und Erlebnispfad der Natur eingerichtet. Dieser hat drei Schwerpunktthemen: Vögel im Landschaftspark und in der Industriekulisse, Pflanzen im Landschaftspark und Wasser im Landschaftspark. Ebenso bietet das Gelände einen Lebensraum für viele wilde Pflanzen

---

[7] nach www.uni-zeigt-iba.de
[8] nach www.uni-zeigt-iba.de

und Tiere. So zum Beispiel dient es als Brutgebiet für Singvögel, Lebensraum für Reptilien und Amphibien (Kreuzkröte). Weiterhin kann auf dem Gelände auch die Sukzession von Sekundärvegetation auf Brachflächen beobachtet werden. Ein weiterer wichtiger Punkt ist die Wassergewinnung für die Alte Emscher auf dem Gebiet. Nach der industriellen Nutzung der Emscher und der unterirdischen Kanalisierung der Abwässer, war die Emscher nur noch ein Graben. Durch ein sehr einfallsreiches System der Wasserbeschaffung mit Regenwassernutzung soll die Alte Emscher wieder zum Leben erweckt werden. Dieses Wasserkonzept soll als Beitrag und Motivation zur Nutzung von Regenwasser und dem sinnvollen Umgang mit Wasser dienen. Der Landschaftspark wird aber ebenfalls kulturell genutzt. Er dient als Veranstaltungs- und Kulturort für Konzerte und ähnliches, sowie als Tourismushighlight. Finanziert wird der Park durch Landesprogramme, Zuschüsse der Stadt und eigene Einnahmen durch Veranstaltungen.

3. Wissenschaftspark Gelsenkirchen[9]

Als Standort für den Wissenschaftspark dient ein ehemaliges Gussstahlwerkgelände. Dieser Park gilt als wesentlicher Bestandteil und als Symbol für den Strukturwandel im Ruhrgebiet. Der Wissenschaftspark hat ein Technologie- und Gründerzentrum. Darin sind Büro- und Labor- sowie Ausstellungs- und Tagungsflächen untergebracht. Es gilt als eines der „besten Business Center in Europa" und wurde auch schon ausgezeichnet. In den Gebäuden finden Veranstaltungen, Ausstellungen und Tagungen statt. Das Technologiezentrum dient ebenfalls als Vermittler und Katalysator für innovative Unternehmen und für neue Technologien. So zum Beispiel befindet sich auf dem Dach des Gebäudes eines der größten Solarstromkraftwerke als Beweis für die Innovationen. Mit dem Wissenschaftspark wurde ein wichtiger Standortfaktor für Gelsenkirchen geschaffen und es haben sich auch schon viele Betriebe mit Zukunftstechnologie im und um den Park angesiedelt. Somit entstanden und entstehen neue Arbeitsplätze.

4. Industriedenkmal Zeche Zollverein – Schacht XII[10]

Das Industriedenkmal befindet sich auf dem Gelände der ehemaligen Bergwerks Zeche Zollverein. Es hat eine Fläche von ca. 24 ha, zusammen mit den angrenzenden Brachflächen allerdings ca. 100 ha. Diese Flächen stehen für die Industrienatur und -kultur zur Verfügung. In der Zeche wurde von 1847-1986 Kohle gefördert. Heute ist nur noch Schacht XI in Restnutzung begriffen und zwar zu Wasserhaltung für andere Zechen.

---

[9] nach www.wipage.de
[10] nach www.uni-zeigt-iba.de

Die Zeche Zollverein gilt mittlerweile als Weltkulturerbe und ist denkmalgeschützt. Der Grund dafür ist die Tatsache, dass die historischen Gebäude und die Maschinen noch fast vollständig erhalten sind. Die Zeche hat ebenso eine große Bedeutung für die Architektur- und Technikgeschichte, sowie für die Sozial- und Ortsgeschichte. Dies gilt allerdings für die „Kulturlandschaft Zollverein" im gesamten, d.h. Schachtanlagen, Kokerei, Berghalde und Zechensiedlung. Heute wird die Zeche Zollverein als Zentrum für Kultur, Design und Industriekultur genutzt. Seit 1998 ist mit der Gründung der Stiftung Zollverein Schacht XII ein neuer Träger des Projekts gefunden. Die Stiftung hat folgenden Zweck und somit Aufgaben:

- Errichtung und Unterhaltung eines Denkmalpfades und Veranstaltung industriegeschichtlicher Führungen über das größte ehemalige Bergwerk des Ruhrgebiets
- Förderung und Durchführung von kulturellen und sonstigen Veranstaltungen
- Förderung von Lehre und Forschung einschließlich Vergabe von Stipendien
- Erhalt und Sanierung / Restaurierung der Gebäude der Zeche sowie der maschinellen Einrichtungen

Die Zeche Zollverein gilt heute als Vorzeigeprojekt der IBA und die einzelnen Gebäude werden zum Teil nach der Sanierung und Um- bzw. Anbau ganz unterschiedlich genutzt: Die Schachthalle und die Fördermaschine sind noch in Restnutzung und daher auch nicht zugänglich. Das ehemalige Schalthaus dient als Bürogebäude und Archiv, sowie als Geschichtswerkstatt und Besucherzentrum. Die Zentralwerkstatt wurde zum Atelier umfunktioniert und dient als Ausstellungsfläche (Skulpturenhalle). Die ehemalige Elektrowerkstatt dient zum Teil als Ausstellungsfläche und zum Teil als Depot. Das Kesselhaus, das frühere Energiezentrum der Zeche, dient heute als Sitz des Design-Zentrums NRW und hat dazu noch einige Ausstellungsräume. Die ehemalige Niederdruckkompressorenhalle beherbergt nach dem Umbau und einer Erweiterung ein Restaurant mit Foyer und Verwaltung. Unter einer Glaskuppel kann auch noch einer der Kompressoren besichtigt werden. Die Werkstatt Nord wurde zum Sitz der Essener Arbeits- und Beschäftigungsgesellschaft umgebaut, ebenso die Lesebandhalle, die jetzt Mehrzweckräume besitzt. Die Außenanlagen und Bracheflächen werden mehr oder weniger sich selbst überlassen und es soll sich ein Industriewald daraus entwickeln. Die größten Gebäude auf dem Gelände, die Kohlewäschehalle und der Kokskohlenbunker, sind noch nicht saniert und es ist auch noch kein fertiger Umnutzungsplan vorhanden. Allgemein gesagt ist die Zeche ein riesiges Museum auf dem man durch einen Rundgang, dem Denkmalpfad, den Weg der Kohle nachvollziehen kann. Somit ein hervorragendes Zeugnis für die Industriekultur und industrielle Kulturlandschaft im Ruhrgebiet.

E. Zusammenfassung

Wie aus der Arbeit ersichtlich ist, wurde das Ruhrgebiet durch den Bergbau stark geprägt, sowohl der Natur- als auch der Kulturraum. Durch die Strukturkrise ist das Ruhrgebiet nun wieder einem Wandel unterworfen. Dabei spielt die IBA mit ihrem Innovationspotential und ihrer Eigenschaft als Vorzeigeprojekt eine wichtige Rolle. Nach der IBA steht mit Organisationen wie dem KVR, dem Verein Pro Ruhrgebiet e.V. und anderen ein breites Netz von Eigeninitiativen zur Verfügung. Diese werden weiter dazu beitragen, dass dem Ruhrgebiet ein erfolgreicher Strukturwandel gelingt. Den Erfolg der IBA wird erst die Zukunft zeigen. Dennoch sind schon Ansätze vorhanden. Mit der Route der Industriekultur, die zum einen die Projekte der IBA verbindet und zum anderen als Anlaufstelle für Touristen gilt, ist bereits ein guter Ansatz für die Entwicklung eines Tourismus im Ruhrgebiet gemacht. Das Ruhrgebiet hat sein altes Image von rauchenden Schloten, glühendem Stahl und dreckiger Luft verloren und ist im Begriff sich ein neues Image zu geben. Dennoch hat man die Geschichte nicht vergessen und diese spiegelt sich nun in der unverkennbaren Industriekultur bzw. industriellen Kulturlandschaft des Ruhrgebiets wieder, die von jedem besichtigt werden kann.

F. Literaturverzeichnis

- Ache, Peter. Die Emscherzone. Dortmund: Informationskreis für Raumplanung, 1992
- Hücherig, Rotraut. Tourismus im Ruhrgebiet – der Beitrag der Internationalen Bauausstellung Emscher Park. Trier: Geographische Gesellschaft Trier, 1992
- Internetseiten (alle Stand 11.06.01):
    - http://www.kvr.de
    - http://www.route-industriekultur.de
    - http://www.wipage.de
    - http://www.uni-zeigt-iba.de/